L'OVVERTVRE DV IARDIN ROYAL DE PARIS, POVR LA Demonſtration des Plantes Medecinales.

Par GVY DE LA BROSSE, *Conſeiller & Medecin ordinaire du Roy, Intendant du Iardin, & Demonſtrateur de ſes Plantes, ſuiuant l'ordre de M*[r] *Bouuard Sur-Intendant.*

A PARIS.

Par IACQVES DVGAST, ruë de la Bouclerie.

M. DC. XL.

L'OVVERTVRE DV
Iardin Royal de Paris, pour la demonstration des Plantes medecinales.

ESSIEVRS,
toutes les choses qui pa-
roissent sur la face de la
terre sont agreables aux
hommes bien sensés, ou parce qu'elles sont belles, ou parce qu'elles
sont bonnes: celles-ia pour le de-
lectable, & celles-cy pour l'vtil; Et
lors qu'elles possedent ces deux e-
minentes qualitez, elles en sont
d'autant plus estimables qu'elles
enseignent plus euidemment l'ex-
cellente condition de celuy qui leur
a donné l'estre. I'ose employer cet-

A ij

te penſee pour ce iardin de la culture des plantes medecinales, & dois
croire que ſi vous le conſiderez en ſa
ſtructure & diſpoſition, & ce qu'il
contient, qu'il vous paroiſtra beau
& bon, & que pour luy, vous ad-
uouërez auec moy, qu'il ne nous eſt
pas poſſible d'aſſez dignement re-
mercier la charité de noſtre inuinci-
ble Monarque Louys le Iuſte & le
victorieux, qui l'a donné à ſes peuples au milieu des importátes guer-
res qu'il a contre les ennemis de ſon
Eſtat. Vous ne pouuez faire cette
reflexion que vous ne confeſſiez que
cet eſtabliſſement fait tres-euidem-
ment cognoiſtre les incomparables
bontez de ſon ame Royale, & l'a-
mour qu'il porte à ſes peuples. Ie
veux bien que cet ouurage ne ſoit
qu'vn eſchantillon de ſa magnifi-

cence. Il eſt neantmoins tel, qu'il
doit tenir rang parmy les plus rele-
uez que ſa Maieſté a produittes en
ſon regne. Que ſi vous doutez de ces
deux belles qualitez que nous attri-
buons à cet œuure, ouurez les yeux
& du corps & de l'ame, & le con-
templez : & puis comparez ſa ſitua-
tion, ſtructure, diſpoſition & grandeur, & les rares & vtiles plantes
qu'il eſleue, à tous ceux de l'Europe
eſtabliz par les Princes & Republi-
ques, & ie ſuis certain que vous con-
feſſerez cette verité. Comparez celuy de Padoüe, de Piſe & Leiden, &
encore celuy de Montpellier, œuure de nos Roys, qui a eu cy-deuant
tant de vogue parmy nos François
& les Eſtrangers, à ceſte belle grande eſtendüe, & à ce qu'elle contient,
& cela vous ſera tres-certain. Le

A iij

premier ne contient pas vn arpent,
& n'est enrichy que des plantes d'I-
talie & de Crete. Le second se mesu-
re en trois quartiers ou enuiron, &
n'est pas plus auantagé en ses vegetaux. Le troisiesme est à plus pres de
ceste grandeur, aussi est-il plus esti-
mé pour ses plantes des Indes que
luy a facilité le commerce de ses
peuples, que pour sa structure. Quãt
à celuy de Montpellier, plus grand
qu'aucun d'eux, contenant de cinq à
six arpens, il n'est peuplé que des
produits du Languedoc, des Al-
pes & Pyrenées. Et celuy-cy contient dixhuict arpens en son enclos,
ses parterres, bois, prez, vergers &
montagne plus amples, autrement
& mieux dressez que tous ses deuan-
ciers & contemporains, qui le ren-
dent d'autant plus beau & maie-

ftueux que ceux-la. Ceux qui ont veu les vns & les autres ne sçauroient auec raison contrarier à ces veritez. Mais ce n'est pas seulement pour ces belles parties que ie levante, la beauté de ses bastimens, l'estenduë de sa terre , l'agreable disposition de ses parties, & son auantageuse situation peuuent estre rencontrees en diuers autres lieux, & non la multitude des especes de ses plantes, apportées de l'vne & l'autre Inde, & de toutes les prouinces de la terre où l'intelligence Françoise s'est peu estendre, qui est ce qui luy donne vn tres grand & riche auantage sur tous les autres, comme nous le ferons voir au progres de nos demonstrations : non seulement il en esleue grande quantité pour la demonstration, mais encore pour

l'vsage & l'experience, mesme de
celles des pays froids, que ceux d'I-
talie & de Montpellier ne peuuent
esleuer qu'auec plus de peine que
nous celles des prouinces chaudes:
de sorte qu'en ceste premiere quali-
té, il est à preferer à tous ses deuan-
ciers & contemporains. Quant à la
seconde, qui la luy voudra disputer?
La bonté tousiours suiuie de l'vtil,
& celuy-cy du necessaire : elle est si
manifeste à ceux qui pratiquent la
Medecine, que ce seroit abuser du
temps & de vostre patience, si ie
m'estendois dauantage à vous la re-
presenter. Ioint qu'il me conuien-
droit pour le suiet vous monstrer les
necessaires vertus des plantes pour
en induire la reparation de la
Medecine en sa matiere , à quoy
Monsieur Bouuard premier Mede-

cin de fa Maiefté, & Surintendant de ce iardin, a iudicieufement pour-ueu, ayant eftably trois Docteurs pour la demonftration de l'interieur des plantes. Ils vous doiuent plainement fatisfaire de cette part, Et puis il y a bien de l'apparence que vous en deuez auoir vne bonne penfee, puis que vous prenez la peine de venir icy tant matin pour apprendre à les cognoiftre : autrement ce feroit vous mefmes vous deceuoir. Il me fuffira donc de vous repeter, Meffieurs, que vous eftes obligez à Monfieur Bouuard de l'eftabliffement de ces trois Docteurs; qui vous doiuent enfeigner vn fi grand bien. Car vous deuez fçauoir qu'en la verification de ce iardin Royal, faite dés fix cens vingt fix, par l'Augufte Parlement de Paris,

qui en reconeut le befoin. Monfieur
Heroüard, cy deuãt premier Medecin du Roy, qui en auoit obtenu le
don de fa Maiefté fur mes memoi-
res & à la pourfuite que i'en faifois,
n'auoit pas penfé à vn eftabliffemét
fi neceffaire: de forte que vous eftes
tres obligez à celuy qui l'a parfait,
& qui vous fait cognoiftre ce bon,
comme nous vous faifons voir ce
bel ouvrage, tefmoignant la charité & la magnificence de noftre Roy
tres-Chreftié.

Or, Meffieurs, encores que ce
deffein paruft loüable, & fuft efti-
mé neceffaire, que feu Monfieur
Heroüard en euft obtenu le don de
fa Majefté par mes avis, que cela fuft
verifié en Parlement par mes foins;
& qu'en fuitte Monfieur Bouuard
meritoirement fuccedant à Mon-

sieur Heroüard, l'approuuast & en affectionnast l'effect, si est-ce que ce n'estoit que l'idée d'vn bié passioné-ment souhaitté, qui ne pouuoit estre effectué, ny paroistre au iour sans vn Soleil, d'vne plus excelléte influence que celuy qui esclaire la terre, & aucun ne luy leuoit. Mais comme les choses qui sont commencées pour vne bonne fin, ne furent oncques oubliées, du tout Bon, exauçant nos prieres, il nous esleua sur nostre horison ce merueilleux Astre Monseigneur le Cardinal Duc de Richelieu, qui nous donna dés l'instant de son leuer vn nouueau iour & des influences qui ne s'estoient oncques apparuës sur la France; il rangea les rebelles & les mutins à leur devoir; il fit recognoistre à tous les voisins du Reyaume la puissance de son

Roy ; & rompant toutes les brigues
insolentes, il asseura la paix dans
toute la Monarchie, renvoyant la
guerre & la discorde au dehors.
Aussi fut-il aussi tost adoré des bons
François qui le recognurent donné
de Dieu au Roy pour le Genie de
son Estat.   Dés cét instant ie luy ad-
dressé mes vœux, luy dédiant mon
traicté de la nature des plantes, où
ie m'efforce à mon possible de luy
faire voir l'vtile necessité de mon
entreprise. Mais comme son Eminence est tres-clair-voyante & cu-
rieuse de belles & bonnes choses;
il ne luy fut pas plustost pre-
senté, qu'elle l'authorisa, & en
desira l'execution, & pour comble
ble de mon aise par ses fauora-
bles rayons parut sur le Ciel François cét incomparable administra-
teur de la Iustice Monseigneur Se-

guier Chancellier de France, & ces deux tres-prudens difpenfateurs des Finances Meffeigneurs de Bullion & Bouthillier, lefquels tous concurrens auec ce Soleil des merueilles, donnérent, foubs-ordonnez aux gracieufes bontez de fon Eminence, l'ouuerture & l'effect à noftre deffein, & l'ont mis au poinct de la perfection où vous le voyez. Car il eft tres-certain, que fans ces ames genereufes vous ne goufteriez maintenant de la douceur de ces fruicts, ces arbres ne feroient plantez; ces parterres dreffez, & cette nombreufe famille de fimples ne vegeteroit en France & en ces quarreaux. Ce font ces ames heroïques qui font tomber & efpandent la rofee celefte fur leurs germes, & aufquels nous fommes obligez de ce beau & bon establissement : le Roy l'a creé, son Eminence nous l'a don-né, & ces ames fideles nous l'ont perfectionné.

Et afin que l'establissement en fust stable aux siecles aduenir, par les suffrages de Nosseigneurs des Comptes, le Roy leur ayant adressé la verification de ses lettres paten-tes, contenant l'establissement & le fonds pour l'entretien de ce iardin, ils l'ont receu auec eloge, & enre-gistré dans leurs cahiers, mesme tres-desireux de la continuë d'vn tel bien, ils s'en sont volontaire-ment & fauorablement rendus les conseruateurs, afin qu'à tousiours il fust entretenu beau & bon.

Que si vous nous remarqués sous la table de ces celestes esprits ra-masser quelques petites miettes de

leur conuiue, ie m'ofe promettre
de voftre courtoifie, que vous ne
nous regarderez pour cela d'vn œil
loufche d'enuie, & qu'ayant egard
que c'eft le fruict des trauaux de
vingt-quatre annees, dix-huict de
pourfuitte, & fix de culture, que
vous eftimerez que nous les meri-
tons : & que le fieur de Vafpafian
Robin dont vous cognoiffez le me-
rite & la fuffifance en la cognoiffan-
ce & culture des plátes, glaine auec
moy quelques efpics de cette riche
moiffon. Si vous le faites, Meffieurs,
de bonne grace, vous encouragerez
d'autant plus l'vn & l'autre à vous
rendre tres-affcctionné feruice.

Vous ayant deduit, Meffieurs, le
progres de cette œuure, il eft ores
temps de vous reprefenter l'vtilité
que vous en deuez receuoir &

l'ordre que nous defirons tenir en nos demonſtrations exterieures.

Pour le premier, le profit ſera en la cognoiſſance de toutes les plan-tes par leurs diuers noms & figures, les Autheurs qui les ont cognuës, où elles croiſſent naturellement, le temps de leur perfection, & autres circonſtances, pour les bien diſtin-guer les vnes des autres: puis cette ſuperficielle cognoiſſance ſera ſe-condée de l'inſtruction des Do-cteurs creez à cette fin, qui vous en-ſeigneront leurs qualitez, facultez, & proprietez, & leurs vſages tant ſimples que compoſez, & tout ce que vous en pouuez raiſonnable-ment ſouhaitter, qui n'eſt pas vne petite choſe, & qui n'a encore eſté pratiquee de la ſorte.

Pour le ſecond, vous ſçauez, Meſſieurs,

Messieurs, que la plus importante
piece pour l'apprentissage de toutes choses, estant l'ordre autant necessaire pour bien reüssir, que la
confusion est fascheuse & de mau-
uaise rencontre. Il est donc raison-
nable qu'envous disant les noms des
plantes, vous faisant conceuoir leurs
figures, vous enseignant les lieux de
leur naissance, & le temps de leur
perfection, que nous establissions vn
ordre si precis & facile, que les curieux d'vn tel apprentissage n'ayent
aucun suiet veritable de mesconten-
tement, que par luy ils trouuent vne
aisance si conforme à leur loüable
dessein, qu'ils n'y soient rebutez en
sa continuë & poursuite : mais comme il est tres malaisé d'y arriuer sans
cognoistre l'essence du suiet que
l'on veut traicter, il me semble qu'il

est tres à propos que nous vous en donnions vne idee. Et pour cela, Meſſieurs, nous vous dirons le rang que doiuent tenir les plátes en l'esta-ge des choſes naturelles, leur defini-tion, diuiſió & ſous-diuiſion: & puis nous viendrós à l'ordre que nous de-uons tenir en nos Demonſtrations.

Pour le rang qu'elles doiuent a-uoir en la nature des choſes, il eſt ad-uoué de tous les Philoſophes tant vieux que nouueaux, que celuy du milieu leur appartient, & qu'elles ſont moyennes entre les mineraux & les animaux, eſtage de grande cóſideration, puis qu'il a conuenan-ce auec tous les deux extremes, à l'vn par l'attache que les vegetaux ont à la terre, viuant de ſes ſucs, & ne pouuant viure ſans eſtre en ſon gi-ron : A l'autre par la vie & par la multiplication qu'elles ont par leurs semences, mesme auec quelque participation de sens, ainsi qu'il nous est apparu en la petite plante sensitiue que nous auons fait voir en France les premiers, & qui Dieu aydant, paroistra encore cette année; de sorte qu'en cét estage elles sont comme en leur trosne, & plus vtiles à la condition humaine que tous les autres produits de la Nature, tant pour son viure & vestir, que pour remedes à ses infirmitez & instrumens à ses Arts. Et vous puis asseurer, Messieurs, que i'ay la pratique tres-certaine d'en tirer tout ce que l'on peut rechercher dans les Mineraux pour la Medecine, soit sels, atramens, soulphres, Mercures tels que ceux des Mineraux, eaux aigres, causti-

ques, eaux de separation & regales
pour la dissolution de l'or & de
l'argent, Baulmes, Magisteres,
Chssus, Essences, & autres œuures
Chymiques.

Quant à la definition, celle des
Anciens m'ayant paru defectueuse
& equinoque, disant que la plante
est vn corps animé viuant & ve-
getant, originaire de la terre de laquelle il tire sa nourriture & ac-
croissement, i'ay pensé qu'il estoit
du mien d'en proposer vne autre,
m'estant apperçeu qu'elle estoit vn
corps viuant moyen, entre mineral & animal, attaché à la terre sa
matrice & nourrisse, sans laquelle
il ne sçauroit immediatement viure ny engendrer, qui est vne de-
scriptiue definition plus estenduë
que l'autre, & aussi mieux entéduë,

elle eſt compoſée de toutes ſes parties, le corps y eſt mis pour genre
& viuant à la difference des mineraux que l'on tient n'auoir point
de vie, moyen entre mineral &
animal, pour luy donner ordre en
l'eſtage des choſes naturelles, attaché à la terre ſa matrice & nour-
riſſe, ſans laquelle il ne ſçauroit
immediatement viure ny engendrer pour le ſeparer de l'animal qui
a d'autres productions.

La Plante ainſi definie reçoit ſa
principale diuiſion du genre en ſes
eſpeces, que nous auons trouuées
au nombre de ſept, puis chacunes
d'elles encores en d'autres eſpeces, ſelon diuers accidens, circonſtances & conſiderations qui ne
doibuent pas eſtre oubliées.

Nous ſçauons que nos Anciens

les ont seulement diuisez en trois
genres, & quelques-vns en quatre,
ce qui leur est escheu, comme ie
croy, pour ne les auoir pas assez
considerées, & telles qu'ils ont
nommées excremés de la Terre ou
des Plantes qui sont veritablement
Plantes, ils paroissent en cela ne
s'estre estendus iusques à l'exacte
recherche de leur estre ; car les
Champignons & les Truffles, qu'ils
ont ainsi qualifiez, sont de tres ve-
ritables Plantes, & le Guy, la Cuf-
cute & le Musc, qu'ils ont repu-
diez des Plantes, le sont tres-verita-
blement autant que les Mousses
qu'ils ont oubliées & rejettées de
cette diuision, aussi iustement separées des herbes que les Arbustes
le sont des Arbres: de sorte que ne
nous estans arrestez à ce qu'ils en

ont dit, nous diuifons tout le genre des Plantes qui nous eft cogneu en fept efpeces principales tresdiftinctes, & fans que l'on puiffe raifonnablement dire que l'vne foit l'autre. Sçauoir les Arbres, Arbriffeaux, Herbes, Surcroiffantes, Mouffes, Champignons, & Truffles, que nous definiffons ainfi.

L'Arbre eft vne Plante boifeufe, haute, efleuée de tige & viuace, que nous comprenons depuis le Chefne iufques au Rofier: L'Arbriffeau, Arbufte, ou Arbreau, eft vne Plante boifeufe, baffe, petite, foible, delicate, & viuace, telles font le Rofier, la Ronce, le Rofmarin, la Sauge, la Lauande, & le Thim.

L'Herbe eft vne Plante molle & tendre, laquelle fe rencontre annuëlle, fur-annuëlle, racines viuaces, viuaces & tousiours viues.

La Surcroissante est vne Plante croissant sur vne autre où elle a sa semence & matrice, & non ailleurs, dont il y a de trois especes, de boiseuse comme le Guy, de molle & longue comme la Cuscute & l'Epitime, & de seiche & aspre comme le Musc, croissant sur le tronc & branches des Arbres sans apparence de pourriture, les Agarics en sont aussi.

La Mousse est vne Plante molle, basse & deliée, naissant de la pourriture du subjet où elle croist, comme il semble.

Le Champignon est vne Plante molle & charnuë, naissant sans feüilles, fleurs & fruicts, & neantmoins quelques-vns ont graine ou semence.

La Truffle est vne plante racino
naissant en terre sans aucune tige
ny feüilles, ni fibres, ou filamens.

Il est donc tres cogneu que ces
sept genres de plantes sont tres di-
stincts, car il est assez sensible que
les herbes estant plantes molles &
tendres naissans sur la surface de la
terre, & ayans leurs racines au de-
dans, sont grandement differentes
du Guy qui prend la sienne sur vn
arbre, & de la Cuscute qui n'a point
de tige que celle qu'elle prend sur
le thim, le lin & autres especes de
plantes, & du Musc qui croist sur
le trone & branches des arbres, &
que ces trois constituënt souz la
generale de la surcroissante, trois
especes de plantes separées, crois-
sans & se produisans d'vne autre
maniere que toutes les autres, & par

là font-elles tres-iuſtement diſtin-
guées, & ne péſe pas que l'on puiſſe
dire veritablement le contraire.

Pour la Morille, ſi on la conſide-
re ſans paſſion auec toutes ſes dife-
rences, on trouuera qu'elle eſt plus
iuſtement ſeparée des herbes que
les arbriſſeaux des Arbres, & qu'elle
contient auſſi pluſieurs eſpeces, leſ-
quelles ſont toutes tres-diſtinctes.

Quant au Champignon, dont
il y a tant d'eſpeces que nous en
pouuons nombrer, juſques à plus
de trente : je ne puis penſer que
l'on luy doiue dénier le ſixieſ-
me genre des plantes ; car de dire
que ce ſoit vn excrement de la
terre, cela eſt fort eſlongné de ſa
nature vegetatiue & generatiue,
y en ayant des eſpeces qui ont ſe-
mence, & quel ſeroit cet excre-

ment de la terre qui a racine & vegete en des temps si préciz & co-
gneuz, & qui se seme?

Reste la Truffle, qui a empes-
ché beaucoup de sçauans person-
nages à luy assigner rang en l'ordre des choses naturelles ; car plusieurs ont doubté qu'elle fust plante, & qu'elle eust vie. Pline ayant
rapporté qu'vn personnage men-
geant vne truffle, auoit rencontré
vn denier souz sa dent, a beaucoup
augmenté le doute : mais il est tres-
aizé à oster, monstrant qu'elle
est plante, ce qui est infaillible, si
tout corps moyen entre mineral
& animal attaché à la terre, sa matrice & nourrisse, sans laquelle il
ne sçauroit immediatement viure
ny engendrer, est plante, car la
Truffle a toutes ces conditions, elle

vegete & croiſt, cela eſt tres-cognu
de ceux qui la foüillent, puis qu'ils
en trouuent de pluſieurs groſſeurs
ſelon leurs âges, & croiſſant comme
les autres vegetaux elle eſt plante,
où il faudroit que ſon augmenta-
tion ſe fiſt par accretion & con-
cretion, ainſi qu'aux pierres & autres concrets, & lors elle ſeroit de
leur condition , & ſe diuiſeroit par
couſches & lits, ou enueloppes,
comme la pierre qui s'engendre au
corps humain, ou ſi c'eſtoit vn ſur-
amaſt d'vn meſme inſtant, ou peu
à peu elle auroit ſelon ſa quantité
diuerſes conſiſtances , on en pour-
roit trouuer de molle, dont le ſuc
ne ſeroit encore endurcy comme
en diuers ſucs de la terre; mais toutes ces choſes ne ſe trouuent point
en elle : l'on remarque au contrai-

re qu'elle eſt touſiours d'égale conſiſtance mediocrement dure & charnüe, enuironnée d'vne peau inégale & raboteuſe, qu'elle attire ſon ſuc nourriſſier de la terre, le digere & tranſmüe en ſa ſubſtance, & qu'elle s'amolliſt en cuiſant comme vn naueau ou vne betteraue, & a toutes les conditions que l'on trouue en ces plantes, & puis quel ſeroit ce ſuc de la terre qui s'amolliroit en cuiſant. Toutes ces rencontres bien conſiderées nous font penſer qu'elle eſt plante, qu'elle a vie & vegete, & qu'elle fait tresjuſtement noſtre ſeptieſme genre des plantes, dont il y a pluſieurs eſpeces ; ainſi que nous l'auons monſtré en noſtre liure de la Nature des plantes.

Outre cette principale diuifion
du genre des plantes en ſes eſpeces,
nous auons dit qu'elles ſe diui-
ſoient encore ſelon certains accidens, comme en les conſiderant
ſauuages ou cultiuées, ſoit qu'elles
ſoient originaires de noſtre climat,
ou pluſtoſt de noſtre païs, ou qu'elles ſoient apportées d'ailleurs, que
nous nommons eſtrangeres: ou
qu'elles ſoient conſiderées ſelon
le temps de leur perfectiõ, au Printemps, l'Eſté, l'Automne & l'Hy-
uer, d'où elles ſont dites printanié-
res, &c. ou ſelon leur durée & vi-
uacité, d'vn ou de pluſieurs iours
comme le champignon, que nous
nommons journales d'vn an, qui
ſe ſement tous les ans, que nous
nommons annuëlles de deux ans,

mourant la seconde année , & lors qu'elles portent graine nommées surannuëlles, de racines viuaces, dont la tige meurt tous les ans, & la racine demeure viue plusieurs années, viuaces comme les Arbres qui ne perdent que leurs fueilles, & tousiours viues comme celles qui sont tousiours viues de racines, de tiges, de bráches & de fueilles; ou de leur principale partie, qui est la racine, balbeuse, tubereuse, charnuë, ligneuse, fibreuse, filamé-teuse & trenasse: ou pour leurs sum-mités & testes qu'elles portent leurs semences en calices, espics, vm-belles, gousses & autres ressem-blances: ou pour leurs fueilles lisses, veluës, dentelées, découpées, lar-ges, estroites, espoisses, fermes & autres, & encore par leurs fleurs, &

par toutes les pieces qui feruent à les difcerner les vnes des autres: ou par les lieux où elles croiſſent naturellement, hautes montagnes, collines, vallées, prez, campagnes labourées & friches, haultes foreſts, tailliz, brouſſailles, buiſſons, landes, terres friables, meubles, argilleuſes, fablonneuſes, eaux falées, douces, coulantes, croupiſſantes, mareſts, mafures, immondices, murailles, puits & toits des maiſons. Où par leur vfage raporté à l'homme qui s'en fert pour baſtir pour les inſtruments de fes Arts, pour le nourrir, veftir, chauffer, medicamenter & autres.

De ces premices, Meſſieurs, vous apprenez felon nos fentimens que c'eſt que la plante, qu'elle rang elle tient entre les choſes naturel-

les

les , la Deffinition , Diuifion , foubs-Diuifion , & tous les accidens neceffaire pour la cognoiftre. Refte à vous dire que pour nous eftablir l'ordre de noftre Demonftration que nous ne pouuons raifonnablement imiter ceux qui fuiuent l'Alphabet comme fi toutes les plantes naiffoient en mefme lieu & s'y pouuoient cultiuer, & fi elles eftoient parfaites en pareil temps & âge, entre-meflant tous les genres & les efpeces les vns parmy les autres. Mais qu'il nous femble bien plus raifonnable de marcher au pas de la Nature, comme la plus iufte & conftante en fes operations, mouuement & temps lors qu'elle perfectionne les chofes, car de faire la demóftration d'vne pláte en fon premier germe, ce ne fe-

C

roit pas pour la connoistre en sa
perfection & en l'estat de son vsage, non plus que qui la voudroit
faire en son extreme declin. Nous
suiurons donc les saisons & com-
mencerons par le Printemps , &
par les plantes qui ont leur perfection en cette saison, mais d'autant
que des sept genres des plantes, les
arbres sont plus long-temps en leur
vigueur & perfection que les herbes, & que celles-cy tendres & molles sont beaucoup plus hastiues, &
ont leurs progrez plus prompt,
laissant cette primauté que nous
auons donné aux Arbres en la diuision des plantes, nous commen-
cerons par les herbes, & suiurons la
diuision que nous leurs auons don-
née par la raison de leur principalle
partie, la racine desquelles, la bul-

beufe eſt plus familiere au Printemps , puis nous viendrons aux
tubereuſes, charnuës, ligneuſes,fi-
breuſes , filamenteuſes & trenaſſes.
Et traicterós ainſi de toutes les ſept
genres des Plantes qui ont atteint
leur perfection au Printemps, ſelon qu'elles ſont haſtiues , medio-
nales & tardiues ; En cet ordre des
herbes nous ſuiurons celuy des
Mouſſes , des Champignons, des
Truffles, des Surcroiſſentes,des Arbriſſeaux & des Arbres , auec tout
ce qui conuient pour leur parfaite
connoiſſance exterieure, parcourát
ainſi les quatre faiſons de l'année.

Cette Demonſtration exterieure pourſuiuie de la ſorte , ſera ac-
compagnée de l'interieure par les
Docteurs a ce deſtinez par Mon-
ſieur Bouuard, & d'eux vous ap-
prendrés l'ordre qu'ils y doiuent te-

nir, cela n'estant de nostre charge,
nous ne vous en pouuons dire d'a-
uantage, & finirons par ces Iustes
Loix, que nous vous prions d'ob-
seruer le plus religieusement qu'il
vous sera possible.

QV'aucun n'entre au Iardin auant les six heures ordonnées pour la Demonstration, & que le Demonstrateur & Principal Iardinier n'y soient.

Que chacun y arriue à l'heure destinée, autrement ne seront receuz.

Qu'aucun n'y demeure apres la Demonstration faite, si ce n'est par la permission du Demonstrateur, & en la presence du Principal Iardinier.

Que l'on ny entre en foule, mais de rang & paisiblement.

*Qu'*aucun ny entre auec longue vesture.

Que l'on ne vague point de costé ny d'autre, se tenant chacun attentif à la Demonstration sans s'esloigner de la Compagnie.

Que l'on ne trauerse point sur les quarreaux, mais que l'on suiue pas à pas le Demonstrateur.

Que l'on prenne garde à ne pas fouler & marcher sur les bordures.

Que l'on ne se courbe pas sur les plantes.

*Qu'*aucun ne cueille ny fueille, ny fleur, ny tige, ny graine.

*Qu'*aucun n'arrache de plante

quelque petite qu'elle soit.

Qu'aucun ne face de question pendant la Demonstration.

Qu'aucun n'attente rien contre la volonté du Demonstrateur.

Que chacun aye des Tablettes pour escrire ce qui sera enseigné.

Que chacun occupe ses yeux & ses aureilles, & donne tréue à ses mains, si ce n'est pour escrire.

Et qui contreuiendra à ces Iustes Loix, soit reputé indigne d'aborder nos Parterres.

Que si quelqu'vn est curieux d'aller à la Campagne pour y remarquer les Plantes, & pour repeter, & qu'il apporte des herbes qu'il ne connoisse pas, ou qu'il ait oubliées, elles luy seront enseignées par le Demonstrateur.

www.ingramcontent.com/pod-product-compliance
Lightning Source LLC
LaVergne TN
LVHW010347030726
842520LV00004B/1607